Collège Expérimental d'Aviculture de Château-Thierry

Château de Blesmes

Cours Complet

par correspondance

Vingtième Leçon

Collège Expérimental d'Aviculture de Château-Thierry

Château de Blesmes

Cours Complet
par correspondance

Vingtième Leçon

20me Leçon

Les Maladies et les Parasites des Animaux de Basses-Cours

LA CRAINTE DES MALADIES, OBSTACLE AU DEVELOPPEMENT DE L'AVICULTURE CAUSE DES MALADIES

La crainte des maladies est un des plus grands obstacles au développement de l'aviculture en général, de l'aviculture moderne en particulier.

Dans l'état actuel de la presque totalité des basses-cours, les raisons de ces craintes sont fondées car rien n'est fait pour les éloigner. Il semble qu'au contraire on fasse en certains cas tout ce qu'il estpossible pour les faire naître.

Afin de combattre efficacement les différentes affections qui peuvent s'abattre sur les gallinacés, étudions les causes des maladies en elles-mêmes.

Ce sont :

a) l'affaiblissement des sujets par une consanguinité trop étroite ;

b) le manque de réflexion qui a présidé au choix de la région où l'installation avicole a été faite ;

c) le manque d'hygiène, la saleté ;

d) la mauvaise nourriture, maintenant les sujets dans un état de réceptivité permanent ;

e) les méthodes avicoles imparfaites ;

d) l'ignorance du diagnostic et des soins.

Parmi ces points, passons en revue ceux qui n'ont pas été traités jusqu'à maintenant dans ce cours et nous n'aurons plus qu'à conclure.

1° **La consanguinité trop étroite** produit une anémie du sang qui enlève la résistance de l'oiseau. Il faut employer la consanguinité, mais la consanguinité réglée, c'est-à-dire accoupler des oiseaux extrêmement vigoureux, adultes, n'ayant jamais été malades, provenant d'une souche très saine et ayant entre eux une certaine parcelle, pas trop forte, de sang étranger. Cette dernière condition est parfois négligée dans des cas tout à fait spéciaux.

2° *Le choix du Terrain* est important : nous connaissons telles vallées ou la *diphtérie* règne à l'état endémique. (Voir ferme de pondeuses).

3° *Le manque d'Hygiène* favorise d'une part la naissance spontanée d'affections morbides et d'autre part augmente la contagion. En principe, les locaux, les lieux habités et fréquentés par les volailles doivent être d'une méticuleuse propreté. Le pulvérisateur à dos est un instrument absolument nécessaire partout où il y a des volailles. Les terrains doivent être retournés et ensemencés chaque année ou tout au moins une année sur deux. Les désinfectants les plus énergiques doivent être employés.

4° **La mauvaise nourriture**, notamment l'alimentation aux grains ou la distribution des pâtées bon marché affaiblit les volailles et les maintient dans un état tel que les bacciles ont un terrain choisi. Il est étrange de voir des personnes paraissant soucieuses de leurs intérêts acheter des pâtées à bon marché alors que chacun des produits qui composent une bonne pâtée coûte environ 100 francs les 100 kgr. (farine de poisson, 140 fr. départ). L'économie apparente diminue la production et met l'aviculteur dans un danger permanent.

5° **Les méthodes avicoles imparfaites** sont causes de maladies : élevage défectueux, manque d'oxygène, de soleil, de lumière, forçage de la volaille, manque d'exercice rationnel, etc... Il est curieux de constater que l'on peut mettre en liberté complète des lapereaux de

2 mois 1/2 et que ces animaux couchant à la belle étoile, mangeant des herbes mouillées, etc., ne sont *jamais* malades, et qu'au contraire les sujets maintenus constamment dans une atmosphère chaude et malsaine peuvent être atteints de toutes les misères possibles. Désinfection des récipients qui contiennent la boisson et les nourritures, stérilisation de la boisson, propreté parfaite, maximum d'air pur, etc..., sont des règles précises et absolument nécessaires. Tous ceux qui voudront trop élever la densité de leurs sujets sur leurs terrains, qui introduiront dans leur élevage un sujet étranger non mis en quarantaine, qui voudront ignorer nos recommandations, vont *infailliblement* au devant d'un désastre.

6° **Enfin l'ignorance de la médecine vétérinaire avicole**, diagnostics et soins, est une cause de la multiplicité des cas morbides et de la rapide contagion.

Les cas 1, 2, 3, 4 et 5 s'appliquent surtout à *prévenir* les maladies. Or, il vaut mieux prévenir que guérir. Mais il faut savoir guérir le cas échéant.

Deux choses dans l'art vétérinaire : le diagnostic et le traitement. Le diagnostic est l'énonciation de la maladie.

Exemple : Cette poule est atteinte de Choléra.

Ce diagnostic est établi à la suite de la constatation des formes visibles ou palpables du mal, c'est-à-dire des symptômes.

L'examen bactériologique, au microscope, est parfois nécessaire pour établir un diagnostic certain.

Lorsque le diagnostic est établi, il faut prendre les mesures destinées à combattre la maladie ; l'ensemble de ces mesures s'appelle le traitement.

Le traitement est préventif lorsqu'il a pour but de supprimer la cause de la maladie ou d'en préserver les animaux sains. Il est *curatif* lorsqu'il s'attaque à la maladie elle-même sur les sujets atteints.

Les cadavres ou parties de cadavres d'oiseaux morts pour quelque raison que ce soit doivent être brûlés dans un four crématoire que chacun peut édifier en plein air, avec des briques maçonnées. On peut aussi enfouir les sujets entre deux couches de fumier dans des trous de 1 mètre de profondeur : on jette de la chaux-vive sur les cadavres avant de placer la deuxième couche de fumier et de remplir l'excavation de terre.

Il faut bien avoir présent à l'esprit que la contagion ne se fait pas uniquement par l'eau, la nourriture, l'air, mais aussi par les oiseaux, les vers de terre, etc...

Pour faire établir un diagnostic, envoyer à l'Institut Pasteur à Paris un animal malade, ou un peu de sang prélevé dans le cœur à l'aide d'une seringue de Pravaz, ou une patte désarticulée au genou.

MALADIES NON CONTAGIEUSES ET CONTAGIEUSES

Les maladies que nous avons à étudier ici sont de deux catégories : les maladies non contagieuses, d'une part, les maladies contagieuses de l'autre.

Certaines maladies non contagieuses peuvent avoir toutes les apparences de maladies contagieuses : ainsi telle faiblesse des pattes qui décime toute une salle d'élevage.

Telles formes bénignes de maladies contagieuses ont les apparences de maladies non contagieuses : coryza ou diphtérie localisée chez quelques individus seulement.

Il importe donc que l'aviculteur soit vigilant, qu'il examine à fond chaque cas particulier, qu'il étudie tous les symptômes et en tire un diagnostic précis.

LES DIFFERENTS SYMPTOMES AVEC LEUR DIAGNOSTIC

Nos élèves trouveront évidemment des symptômes communs à plusieurs maladies, d'où nécessité d'une étude complète. Chaque fois d'ailleurs qu'un oiseau changera d'allure, on se trouvera en présence d'un danger auquel il faudra veiller, l'isolement immédiat s'impose. Ce changement d'allure est caractérisé par l'état suivant :

Plumage terne, allure triste, faiblesse, isolement, inappétence, baillements, éternuements, démarche raide surtout chez les poussins, diarrhée, station des poussins sous l'éleveuse au moment où ils devraient prendre de l'exercice, etc..., cessation brusque de la ponte, œil plat et terne, etc..., etc... L'aviculteur devra donc mettre en œuvre *chaque jour* son esprit d'observation. Nous lui conseillons de regarder attentivement tous ses animaux chaque matin ; il doit non seulement constater dans quel *état général* est le troupeau entier, mais aussi rechercher le *cas particulier* qui, demain, sera le cas général. *Savoir voir* doit être le but de ses efforts.

SYMPTOME PRINCIPAL	SYMPTOMES ANNEXES	MALADIES
Abattement	isolement, indifférence, yeux mi-clos, *crête violette,* tête rentrée, plumes hérissées, diarrhée verdâtre, mucus filant au bec, organes abdominaux congestionnés	*Choléra*
Abattement	mêmes symptômes que choléra mais foie triplé de volume................	*Scepticémie*
Abattement	mêmes symptômes que choléra mais diarrhée moins fréquente, pas d'engorgement des organes abdominaux qui sont baignés d'un liquide trouble. Troubles nerveux dans la dernière période de la maladie	*Peste aviaire*
Abattement	*crête pâle* et décolorée, diarrhée intense, jaunâtre ou verdâtre, hypertrophie énorme du foie ou de la rate....	*Typhose*
Abattement	tristesse, somnolence, perte de l'appétit, amaigrissement, gêne respiratoire, râles	*Aspergilose*
Amaigrissement	faiblesse générale, crête et muqueuses pâles, yeux plats et ternes, perte d'appétit, amaigrissement	*Anémie*
Amaigrissement	comme anémie + diarrhée persistante, boiterie occasionnelle, face émaciée, maigreur, traces blanches dans le foie.	*Tuberculose*
Amaigrissement	diarrhée contenant des mucosités, du sang des anneaux de ténias, amaigrissement rapide, soif intense, plumes hérissées, ailes pendantes, crête décolorée puis stupeur, vertiges, accès épileptiformes	*Téniasis*
Articulations	gonflées ; *poussins :* boiteries, crispation des orteils, chutes, piaulements continus. *Adultes* : boiteries, abattement, perte d'appétit................	*Arthrite*
Articulations	id.	*Goutte*
Baillements	toux, râles, isolement,démarche raide, plumes hérissées, perte d'appétit......	*Bronchite*
Baillements	toux, plumes hérissées, bec ouvert, vers rouges et fourchus dans la trachée	*Syngamose*

SYMPTOME PRINCIPAL	SYMPTOMES ANNEXES	MALADIES
Course	en tous sens, maintien fréquent du corps vertical, efforts de poussée......	*Arrêt de l'œuf*
Course	en tous sens, l'anus frottant sur le sol, apparition de la base de l'oviducte à l'anus	*Renversement*
Convulsion	respiration anormale, yeux dilatés, d'apparence épileptiforme, paralysie, diarrhée hémorragique parfois	*Empoisonnement gastro-entérite toxique*
Crêtes et Barbillons	plaques blanchâtres les recouvrant....	*Teigne*
Crêtes et Barbillons	jaunes, avec jaunissement de l'épiderme	*Jaunisse*
Crêtes et Barbillons	portant des pustules, abattement, fausses membranes dans le bec..........	*Epithélioma*
Déjections	glaireuses, verdâtres, apparence de l'oiseau sale à l'arrière train, amaigrissement, plumes hérissées, somnolence, démarche raide, anus sali et collé	*Diarrhée bilieuse*
Déjections	noirâtres, ventre dur, balonné, soif ardente, appétit désordonné, crête congestionnée, amaigrissement	*Entérite infectieuse*
Déjections	sanguinolentes, tristesse, inappétence, faiblesse, excréments blanchâtres ou grisâtres avec souvent filets de sang, souvent accompagnée de pneumonie consécutive	*Entérite coccydienne*
Déjections	avec vers, diarrhée, amaigrissement, apparence sale, isolement, démarche raide	*Entérite vermineuse*
Déjections	blanches, anus obstrué par matières blanchâtres, abattement, démarche raide	*Diarrhée blanche ou crayeuse*
Déviation des os	débilité, affaiblissement, position fréquemment accroupie, appétit diminué, amaigrissement	*Rachitisme*
Ecoulement narines	éternuements, yeux chassieux, démarche raide, amaigrissement	*Coryza simple*
Ecoulement narines	mêmes symptômes mais plus prononcés	*Contagieux*

SYMPTOME PRINCIPAL	SYMPTOMES ANNEXES	MALADIES
Ecoulement ovid.	avec abattement	*Inflammation de l'oviducte, ovarite*
Excréments durs	cylindriques, anus gonflé et dur, manque d'appétit, démarche raide, hésitante	*Constipation*
Fausses membranes	jaunâtres dans le fond du bec, faciles à détacher	*Muguet*
Fausses membranes	blanc jaunâtre sur toute la muqueuse du bec ou par endroits	*Diphtérie*
Fausses membranes	sur la langue, inflammation allongement de l'étui corné	*Pépie*
Jabot gonflé	plein de gaz en fermentation, bec ouvert, parfois vomissements..........	*Catarrhe ingluvial*
Jabot gonflé	plein d'aliments tassés, durs........	*Indigestion du Jabot*
Œil gonflé	avec abcès au coin, ou presque, de l'œil ; souvent écoulement par les narines	*Coryza ophtalmique*
Œil pleurant	œil rouge pleurant	*Conjonctivite*
Orteils	avec gonflement abcès placé soit sous la plante soit entre ou sur les orteils, parfois le long du tarse	*Bleime*
Parties dénudées	plumes enlevées avec production de sang. Poussins : anus ou orteils......	*Picage*
Parties dénudées	avec production de plaques blanchâtres envahissant dans l'ordre le croupion, les cuisses, le dos, le ventre	*Gale déplumante*
Pattes écailleuses	productions blanchâtres entre les écailles qui se soulèvent avec déformation des pattes et orteils	*Gale*
Pattes tuméfiées	ongles noirs, respiration irrégulière abattement profond	*Gangrène*
Tête pendante	œil terne, ailes pendantes, isolement, abattement, crête violette presque noire chute ; bec entrouvert laissant couler une bave sanguinolente	*Apoplexie*
Râle	grande gêne respiratoire ,toux, abattement, plumes hérissées	*Broncho - Pneumonie*

Etudes des Maladies

CLASSIFICATION

Adoptant une classification simple, nous divisons les maladies en 8 groupes :

1er *Groupe.* — Maladies contagieuses graves : choléra, peste, typhose, scepticémies, diphtérie et épithélioma, tuberculose.

2e *Groupe.* — Maladies de l'appareil digestif : pépie, muguet, angine, catarrhe ingluvial, indigestion du jabot, indigestion du jaune, entérite vermineuse, entérite infectieuse, entérite coccydienne, diarrhée bilieuse, diarrhée blanche, constipation.

3e *Groupe.* — Maladies de l'appareil respiratoire ; coryza contagieux, syngamose, aspergilose, bronchite, broncho-pneumonie.

4e *Groupe.* — Maladies de l'appareil circulatoire : anémie, jaunisse, apoplexie.

5e *Groupe.* — Maladies de l'appareil ovigène : inflammation de l'oviducte, ovarite, hernie de l'oviducte, arrêt de l'œuf, renversement de l'oviducte.

6e *Groupe.* — Maladies des os et des membres, rhumatismes, arthrite des poussins, goutte, rachitisme, gale des pattes, bleimes, gangrène.

7e *Groupe.* — Maladies de l'épiderme et de ses productions, parasites de la peau, teigne, gale des pattes, gale déplumante, picage.

8e *Groupe.* — Maladies des yeux : coryza ophtalmique, conjonctivite.

A cette classification nous ajoutons les *traumatismes* de tous ordres (blessures) pouvant d'ailleurs amener la *grangrène* ou le ***tétanos.***

CHOLERA

Cette maladie est due à un bacille microscopique ponctiforme facile à isoler. Elle est très contagieuse : elle décime les bassecours où elle sévit, avec rapidité, et peut tuer un grand nombre d'animaux chaque jour.

Ses formes sont variables : elle est foudroyante, lente ou chronique. Les 2 dernières formes à un degré indiqué par le terme qui les désigne, se rapprochent par leurs symptômes, de la forme foudroyante. Ces symptômes sont les suivants :

La mort arrive instantanément ou dans un délai de cinq heures au plus. Les sujets deviennent immobiles et s'isolent dans un endroit calme et frais. Ils sont indifférents à tout ce qui les entoure, ne réagissent pas qand on les approche.

Leur température monte jusqu'à 43, 44, 45 degrés, la crête devient violette, les yeux mi-clos. La tête est pendante et s'appuie sur la poitrine. Le plumage est hérissé, l'oiseau est en boule. Les ailes sont soulevées comme celles d'un oiseau qui a trop chaud, mais les rémiges touchent la terre. La queue est basse. La veine humérale est gonflée et noire, le bec laisse couler un mucus filant, la diarrhée verdâtre survient, puis sanguinolente et contenant des matières blanchâtres molles ou dures. Le tube digestif est criblé de taches hémorragiques, les poumons, le foie, la rate, les reins sont congestionnés, tuméfiés, friables. Les muscles prennent une teinte rose, le foie est piqueté de points jaunâtres.

La respiration devient de plus en plus pénible ; le corps se recouvre de plaques noirâtres. Après quelques mouvements convulsifs l'oiseau meurt en poussant un cri d'angoisse.

Si la forme est moins rapide, la démarche est chancelante, l'appétit diminue, la soif est intense. L'immobilité ne tarde pas ensuite à se produire, accompagnée du noircissement de la crête. La mort survient en quelques jours.

Dans la forme chronique les symptômes sont moins marqués. La marche de la maladie est plus lente encore, elle est accompagnée d'accidents arthritiques des pattes, cuisses et tarses avec écoulement de pus. De temps en temps un animal meurt dans le coma.

Les causes de la maladie sont de celles qui engendrent presque toutes les maladies contagieuses et que l'on peut éviter : ce sont la contagion, l'absorption de matières animales en fermentation, de grains ou d'aliments fermentés, de boissons souillées, la vie dans un poulailler insuffisamment aéré et insalubre.

Traitement préventif : désinfecter l'eau de boisson avec 5 grammes de sulfate de fer ou 2 grammes d'acide sulfurique ou d'acide salicylique par litre, désinfection parfaite des ustensiles, des locaux, des terrains, adoption de poulaillers modernes.

Un seul traitement spécifique donne de bons résultats c'est la vaccination. Cette vaccination ne guérit pas les sujets atteints qui sont donc voués à une mort certaine ; mais elle préserve les sujets sains. Les sujets reconnus malades du choléra après examen microscopique du sang doivent être enlevés et incinérés. Les autres sont vaccinés avec un vaccin délivré aux vétérinaires par l'Institut Pasteur, de Paris.

La vaccination trouve donc son application :

1° Dans les élevages où des cas de choléra se sont produits : la mortalité continue de frapper les animaux infectés puis s'arrête.

2° Dans les élevages exposés à une contagion menaçante : la vaccination agit dans ce cas comme dans le précédent d'une manière beaucoup plus efficace que tous les traitements internes et externes préconisés en pareil cas et imparfaitement ou nullement opérants.

Procédez à la vaccination contre le choléra des poules en deux fois, à huit heures d'intervalle ; faites la première injection avec 1/2 centimètre cube de vaccin, la 2e avec 1 centimètre cube, dans les muscles pectoraux. La technique de la vaccination est extrêmement simple.

PESTE

La peste est une terrible maladie contagieuse ayant les apparences du choléra par ses symptômes, sa marche foudroyante. Elle est cependant nettement différenciée par l'examen microscopique du sang. Cette maladie sévissait surtout en Allemagne et en Italie. En France on la constatait autrefois par périodes à la suite d'importations de volailles. Maintenant, elle a complètement disparu depuis une dizaine d'années. Il importe cependant de la connaître, en prévision d'un retour toujours possible. Le microbe de la peste est un virus filtrant d'une virulence extrême. Le lapin, le canard et le pigeon y sont réfractaires.

Les formes de la maladie sont : foudroyante (mort instantanée) ou aigüe (mort en quelques heures). Les accidents nerveux sont plus fréquents dans la peste que dans le choléra : bonds en avant rotation de la tête, etc. La diarrhée est très peu fréquente dans les cas de peste de sujets morts à la suite de formes foudroyantes.

A l'autopsie les lésions constatées pour le choléra son absentes ou peu marquées sauf que les muqueuses digestives sont ponctuées de taches hémorragiques.

Dans la forme aigüe la cavité abdominale renferme un exsudat (liquide) séro-fibrineux de coloration gris-jaunâtre ou bien troublé, d'apparence laiteuse. Le foie est hypertrophié, ramolli, jaune terne ; la rate et les reins sont congestionnés, friables, rouges sombre ou bleuâtres. Les poumons sont congestionnés (rouges) et œdématiés (enflés). Le cœur contient du sang fluide rouge foncé qui se coagule rapidement à l'air.

Pour distinguer sans examen bactériologique la peste du choléra, on prend quelques gouttes de sang à l'intérieur du cœur d'un sujet malade ou venant de succomber et on inocule ce sang à un lapin par une piqûre sous-cutanée. Le lapin meurt en un délai de 15 à 40 heures s'il s'agit du choléra. Il résiste à la peste. On distingue la peste de la typhose en inoculant au lapin le vaccin pris dans la mœlle épinière après écrasement de celle-ci dans une goutte d'eau. Le lapin est sensible à la **typhose.**

Les causes de la peste sont les mêmes que celles du choléra.

Traitement. — La vaccination est encore du domaine expérimental.

Aucun traitement.

TYPHOSE

La typhose est une maladie contagieuse qui était presque inconnue en France avant la guerre. Elle est due à deux microbes analogues à celui de la fièvre typhoïde, le *Bactérium sanguinarium* ou *gallinarium,* très virulent pour les adultes ; le *Bactérium pullorum* pour les poussins. Chez ces derniers, la maladie prend le nom de diarrhée blanche ou grise.

Les symptômes de la typhose sont les mêmes que ceux du choléra, sauf que la crête n'est pas violette, mais pâle ; ils sont différents de ceux de la peste ou typhus en ce sens qu'une diarrhée intense accompagne la maladie. A l'autopsie, les manifestations sont différentes : les manifestations hémorragiques sont absentes ou peu prononcées. Le corps ne se remplit pas de liquide comme dans la peste ; mais le foie acquiert un volume deux ou trois fois supérieur au volume du foie normal. La rate est également congestionnée. La mort a lieu dans le coma, comme pour le typhus.

Le pigeon et le lapin sont tués par le choléra. Le pigeon seul résiste à la peste ; le pigeon et le lapin résistent à la typhose.

Vaccination. — Il n'existe qu'un seul traitement. Encore n'est-il que préventif. L'Institut Pasteur — qui pratique les autopsies — prépare un vaccin qui est employé comme celui du choléra. Ce vaccin placé au frais et à l'obscurité conserve ses propriétés pendant au moins 6 mois. Dose : un centimètre cube pour les adultes, 1/2 pour les sujets de 3 semaines à deux mois. Une seule injection aux non malades, comme préventif ; chez les malades, renouvelez l'injection 8 jours après la première, le vaccin mettant une douzaine de jours à opérer, la mortalité continue pendant ce laps de temps.

Chez les adultes ,le vaccin confère l'immunité pendant 10 mois. Les jeunes qui n'ont reçu qu'une demi-dose doivent être revaccinés à 4 mois si l'épizootie continue.

Le microbe se retrouvant dans l'ovaire et dans l'oviducte, la maladie se transmet aux œufs et aux poussins. Nous recommandons de pulvériser de l'alcool à 90° sur les œufs à couver aussitôt pondus afin de détruire le germe, ou au mieux de supprimer toutes les reproductrices porteuses de germe. En attendant que l'on emploie le moyen permettant de reconnaître quels sont les porteurs de germes, il est urgent de reconnaître l'ascendance des poussins atteints de diarrhée blanche, ce que le nid-trappe, l'éclosion dans des cages à pédigrées, le marquage des poussins nous permet de faire.

SCEPTICEMIES

Le choléra, le typhus et la typhose sont nettement différenciées, non pas tant au point de vue symtômatologique externe qu'à celui de l'identité du virus infectieux. D'autres affections contagieuses présentent des caractères voisins. Elles sont dues à des microbes banaux de l'intestin. On les range comme la peste et la typhose, dans les affections du type choléra. Seul l'examen microscopique du sang et l'étude du bacille causal indique le traitement, quand il en existe un.

PROPHYLAXIE DES AFFECTIONS DU TYPE CHOLERA ET DE TOUTES LES AFFECTIONS CONTAGIEUSES EN GENERAL

Cette lutte se divise : 1° En mesures à prendre pour préserver les Elevages sains ;

2° En mesures à prendre pour enrayer la contagion dans les Elevages contaminés.

Préservation des Elevages sains. — Faites subir une rigoureuse quarantaine à tous les sujets entrant dans votre Elevage.

Désinfectez l'eau de boisson avec 5 gr. de sulfate de fer lorsque le temps est mauvais ou avec 2 gr. d'acide sulfurique ou d'acide salicylique par litre, et procédez aux vaccinations en cas de menace de contagion.

Mettez en quarantaine tout sujet de votre Elevage au retour d'une exposition.

Traitement des Elevages contaminés. — En principe nous ne sommes pas partisan de traiter une volaille malade d'affection contagieuse.

On ne sait, en effet, jamais au juste quand une volaille guérie n'est plus porteuse de germes. Les malades doivent être tuées et brûlées aussitôt que possible, leur sang ne doit jamais souiller quoique ce soit.

Traitez les autres volailles par la vaccination sans les enlever de leur poulailler, car vous contamineriez d'autres terrains. Mais que la personne qui soigne les malades ait ses sabots et sa blouse dans les poulaillers contaminés, qu'elle évite de passer par les chemins fréquentés par les autres ouvriers, qu'elle se désinfecte scigneusement les mains à l'eau chaude savonneuse et qu'elle ne soigne aucun autre parquet, qu'elle ne pénètre pas dans les salles de service.

Si vous ne pouvez avoir recours à la vaccination, recourez au traitement phéniqué et à l'antisepsie intestinale.

Traitement phéniqué. — Injectez tous les 8 jours un centimètre cube d'une solution phéniquée à 5 %, pendant tout le temps que sévit la mortalité.

Antisepsie digestive. — Le grain que vous distribuez doit avoir macéré quelques heures dans de l'eau phéniquée à 5 % puis il doit être chaulé.

Mélangez aux pâtées humides une fois sur deux une cuiller à soupe pour 10 têtes du mélange suivant : Salol 4 gr., benzo-naphtol 2 gr., quinquina gris 125 gr., poudre d'os verts 125 gr. Puis l'autre fois (une fois sur deux par conséquent) incorporer à la pâtée à raison de 150 gr. par jour pour 50 têtes, une solution contenant 20 gr. d'extrait de cachou par litre d'eau. Ceci tant que durera le danger de contagion. Nous entendons que vous donnez un repas seulement de pâtée humectée chaque jour. Ajoutez dans tous les cas 2 gr. d'acide sulfurique ou d'acide salicylique par litre d'eau.

Désinfectez complètement poulaillers et parquets tous les 8 jours. Lorsque les sujets sont bien préservés, que tout danger est écarté, mettez les oiseaux en cage pendant huit jours. Retournez le sol des parquets, désinfectez-le à la poudre crésylée ou au sulfate de fer, désinfectez le poulailler, remettez les animaux dans leurs parquets primitifs si vous ne pouvez pas attendre une année.

DIPHTERIE ET EPITHELIOMA CONTAGIEUX

Ces maladies sont dues à un ou à des bacilles filtrants.

Les recherches des savants ont permis de constater qu'il n'y a pas dualité entre ces deux terribles affections. On divise maintenant la diphtérie en deux formes :

1° Une forme aigüe à localisations variables ;

2° Une forme chronique.

La forme aigüe est la plus fréquente. Elle se traduit par des types morbides bien distincts :

a) Type épithéliomateux ou variolique, caractérisé par l'apparition de nodules sur la crête, les barbillons, les paupières, le pourtour du bec, les oreilles, la peau ;

b) Type pseudo-membraneux ou diphtérie buccale dans lequel les fausses membranes se forment sur l'épithélium des cavités buccales (bec), pharyngée ou laryngée.

c) Type inflammatoire ou catarrhal débutant par un corysa intense, des manifestations oculaires, du catarrhe oculo-nasal.

On peut rencontrer les trois types ensemble sur le même sujet.

La forme chronique peut être spontanée, elle peut aussi succéder à une forme aigüe. Elle est toujours caractérisée par le type diphtéroïde (fausses membranes) atténué. Il est très dangereux parce qu'il peut à tout moment engendrer une forme aigüe.

Le cerveau des animaux malades, ainsi que la salive, sont virulents.

Les animaux qui ont été malades et qui sont guéris sont réfractaires au virus. On doit traiter la diphtérie par la vaccination. Les laboratoires ont cherché et recherchent en ce moment une méthode efficace de vaccination anti-diphtérique (Manteufel, Beach et Hadley, Ward et Gallagher, de Blieck et Van Heelsbergen, Panisset et Verge, ces deux derniers de l'Ecole vétérinaire d'Alfort).

Le vaccin de Blieck et Van Heelsbergen ne paraît pas avoir donné des résultats satisfaisants en ce qui concerne l'épithélioma contagieux ; Panisset et Verge semblent devoir être les premiers à mettre en pratique une vaccination efficace consistant en l'inoculation, dans l'épaisseur du barbillon, de deux gouttes (1/10e de centimètre cube) d'un virus épithéliomateux convenablement atténué. Dans un avenir très prochain les deux savants français pourront vraisemblablement annoncer la réussite de leurs expériences.

TUBERCULOSE

La tuberculose, déterminée par le bacille de Koch, peut frapper tous les oiseaux de basse-cour et de volière, mais elle s'attaque surtout à la poule ou au faisan.

Elle se traduit par l'abattement, la somnolence, la perte de l'appétit, l'apparence terne des plumes, la décoloration de la crête et des barbillons, l'amaigrissement progressif, puis, la diarrhée. Comme dans toutes les affections chroniques, il se produit soit du gonflement articulaire, soit une déformation osseuse.

Dans tous les cas de tuberculose le foie est très volumineux, parsemé de granulations. Tantôt la surface du foie est parsemée d'un fin piqueté blanchâtre, tantôt il contient de petites nodosités blanchâtres dont la taille est comprise entre la grosseur d'un grain de millet et celle d'un pois, tantôt il s'y trouve de véritables tumeurs, de la taille d'une noisette. La rate, le péritoine, l'intestin, les ovaires présentent des lésions identiques.

La cause est la contagion, le manque d'hygiène, l'insuffisance d'aération des poulaillers. La lutte contre la contagion ou l'apparition de la maladie ne diffère donc pas de celle destinée à combattre les autres maladies contagieuses. Les quarantaines à faire subir aux animaux importés dans votre élevage doivent avoir une longue durée, la marche de la maladie étant très lente.

PEPIE

(Voir Maladies des Poussins)

MUGUET

Le muguet est une maladie qui est souvent confondue, à tort, avec la diphtérie. Elle est due à un champignon parasite microscopique, l'*Endomyces albicans*. Elle frappe principalement la poule et le pigeon et surtout les jeunes sujets.

Le muguet est caractérisé par un enduit caséeux, blanchâtre, qui tapisse tout l'intérieur du bec et de la langue, gagne parfois l'arrière-bouche, l'œsophage et même le jabot.

L'animal est triste, abattu, ne prend que très difficilement les aliments, dépérit. La mort peut survenir par inanition ou asphyxie.

Les causes en sont les mêmes que pour la diphtérie : la malpropreté, le manque d'hygiène, la contagion.

Traitement. — Après isolement des malades, badigeonnez chaque jour les parties atteintes avec le mélange suivant : Hydrate de chloral 2 gr., glycérine 15 gr., puis faire prendre 4 fois par jour une cuillerée à café du mélange suivant :

Jus de citron	20 grammes
Sel de cuisine	1 gramme
Sulfate de soude ...	1 gr.
Miel	2 gr.
Saccharate de chaux	3 décigrammes
Phénol	3 gouttes

Pour les jeunes de moins de 3 mois, donnez une demi-cuiller à café seulement.

Lorsque les sujets sont presque guéris, purgez à l'huile de ricin ou à la poudre d'aloès.

ANGINE

L'angine est une inflammation de l'arrière-gorge, presque toujours mortelle, accompagnant soit la diphtérie, soit le muguet, soit le coryza. Il faut d'abord traiter la maladie causale. Elle peut aussi se produire spontanément et isolément par le passage sans transition d'un poulailler surchauffé dans une atmosphère froide et humide (inconvénient des poulaillers peu ou mal ventilés).

Traitement. — Supprimer la cause de la maladie, frictions d'huile camphrée dans la région de la gorge, badigeonnages internes d'une solution de nitrate d'argent à 1 pour 100.

CATARRHE INGLUVIAL OU INDIGESTION GAZEUSE DU JABOT

L'inflammation de la muqueuse du jabot due à l'ingestion d'aliments altérés ou de poisons, provoque une fermentation des aliments accompagnée d'une production de gaz.

Une perte de l'appétit, avec tristesse, suivie d'une dilatation du jabot provoquée par les gaz en fermentation allant jusqu'à une très forte tension de ses parois, constituent les symptômes de cette affection.

Traitement. — Videz le jabot de son centenu en massant la région, l'oiseau étant placé sur le dos. Puis ingurgitez du thé tiède, du jus de citron, de l'acide chlorydrique à 1 pour 1000.

Si la tension est trop forte, ponctionnez le jabot par l'introduction, à travers la peau, d'une aiguille d'une seringue de Pravaz. Puis sans retirer l'aiguille, injectez dans le jabot de l'eau oxygénée très diluée. Laissez les oiseaux à la diète pendant 1 ou 2 jours, donnez ensuite des pâtées humectées pendant une huitaine de jours.

INDIGESTIONS DU JABOT

C'est l'accumulation d'aliments durs avec paralysie de l'organe. L'oiseau a alors une masse dure dans un jabot rempli et distendu.

La guérison peut subvenir spontanément, au bout de 2 ou 3 jours, mais on est généralement obligé de traiter.

Traitement. — *a)* Massages pour vider le jabot de son contenu après ingestion d'une cuillerée d'huile à manger ;

b) Si le jabot est impossible à vider, ce qui est très fréquent, opérez comme suit :

Le sujet étant étendu sur le dos, arrachez les plumes sur la face antérieure de la masse que forme le jabot dilaté. Incisez au bistouri la peau puis les parois du jabot sur une longueur de 4 à 5 cm. Videz le jabot de son contenu, lavez l'intérieur de la plaie à l'eau oxygénée diluée, recousez d'abord la paroi du jabot, puis la peau de l'oiseau au moyen d'une aiguille et de fil bouillis, teintez la plaie à la teinture d'iode. Laissez le sujet à la diète pendant 2 jours, puis donnez-lui des pâtées assez fluides. L'opération est simple et facile à réussir.

ENTERITE VERMINEUSE

(Voir Maladies des Poussins)

ENTERITE INFECTIEUSE

L'entérite infectieuse est caractérisée par une diarrhée persistante noire ; le bas-ventre est rouge, dur, ballonné ; les plumes hérissées, l'appétit irrégulier, une très grande soif, une démarche raide et chancelante, la crête congestionnée.

La cause en est la même que celles de toutes les maladies contagieuses, à laquelle on peut joindre l'échauffement causé par une nourriture trop riche.

La désinfection des locaux et des ustensiles s'impose. Il faut d'abord prendre les mesures nécessaires pour supprimer la diarrhée : 20 gr. d'extrait de cachou dissous incorporé dans la pâtée ; donnez une pâtée de riz cuit, toujours indiqué contre ces échauffements, ajouter à la pâtée 4 gr. d'une poudre tonifiante à base de quinquina et de gingembre, augmenter la dose de charbon de bois ou en donner jusqu'au 1/10ᵉ de la pâtée, mettre 2 gr. d'acide sulfurique ou salicylique par litre de boisson, procéder à une désinfection du tube digestif en faisant absorber le matin quelques cuillers d'une solution de crésyl à 1 pour cent.

Les animaux malades d'entérite vermineuse comme d'entérite infectieuse ne doivent pas être conservés.

ENTERITE COCCYDIENNE

(Voir Maladies des Poussins)

DIARRHEE BLANCHE

(Voir Maladies des Poussins)

DIARRHEE BILIEUSE

Accompagnant les symptômes des autres diarrhées, elle s'en distingue par la couleur des déjections qui sont ici verdâtres. Cette diarrhée ne paraît pas contagieuse. Elle est due à l'humidité, au manque d'hygiène des locaux, à une nourriture de mauvaise qualité, échauffante ou relâchante, fermentée ou moisie, ou trop humide.

On la combat comme on combat la diarrhée infectieuse, en y joignant une purgation (une cuiller à café d'huile de ricin pour les adultes), en supprimant les aliments relâchants ou échauffants, en diminuant les quantités de poudre de viande, de viande ou d'insectes que l'on donne ou que les sujets peuvent trouver dans leurs parcours. Le pain trempé dans du cidre ou dans du vin, les infusions de camomille, l'eau bouillie comme boisson sont tout indiqués.

CONSTIPATION

La constipation peut être une forme d'entérite. Elle peut résulter d'une alimentation trop riche et échauffante ou du manque d'exercice. Comme traitement, purgez comme dans le cas de diarrhée bilieuse, diminuez la quantité des aliments échauffants, ajoutez de la verdure, surtout cuite, et du son.

MALADIES DE L'APPAREIL RESPIRATOIRE

CORYSA SIMPLE

Le corysa est dû à l'humidité des parcours, aux brouillards, au passage sans transition à l'air libre de l'atmosphère trop chaude d'un poulailler mal compris, aux courants d'air.

Comme traitement : Supprimez la cause. Mettez les volailles dans un vaste poulailler aéré, sur une litière bien sèche. Donnez-leur des pâtées chaudes le matin, contenant une cuiller de fleur de soufre pour 100 têtes ; chaulez le grain et ajoutez 2 gr. d'acide sulfurique ou d'acide salycilique par litre d'eau de boisson.

Evitez les couvées tardives : La mauvaise saison surprendrait vos poulets trop faibles pour s'en défendre efficacement.

CORYZA CONTAGIEUX

Le coryza simple non soigné peut prendre une forme aigüe : Le jetage nasal est plus abondant, les volailles éternuent, ouvrent le bec pour remédier à l'obstruction des narines et combattre l'asphyxie menaçante. Des lésions oculaires peuvent se produire.

L'intervention énergique de l'aviculteur s'impose. Préparez le bain antiseptique suivant : Acide borique 8 gr., alcool 120 gr., lysol 16 gr., eau 1 litre. Prenez vos malades, que vous avez isolés des autres ; nettoyez leurs narines et plongez leur tête 3 fois par jour dans le bain tiède, à plusieurs reprises chaque fois. Les oiseaux éternuent, dégagent leurs narines. Traitez-les, de plus, comme ceux atteints de coryza simple.

S'il se produit une tumeur sous-orbitaire, incisez-la, dégagez la tumeur par pression, nettoyez la cavité à l'aide d'un petit tampon d'ouate enroulé autour d'un bâtonnet et trempé dans une solution de sulfate de cuivre à 1 pour 1000. Instillez dans l'œil 2 gouttes de collargol à un pour cent, chaque jour.

SYNGAMOSE

La maladie du ver rouge ou syngamose, ou du ver fourchu ou du baillement (gape en anglais), est déterminée par la présence dans la trachée, d'un ver rouge fourchu ou syngame *(syngamus trachealis)*.

Cette maladie attaque de préférence les faisans et les dindonneaux, mais on la rencontre chez les poulets, chez les oiseaux non domestiques, corbeaux, pies, étourneaux, moineaux. Ceux-ci deviennent les plus grands propagateurs de la maladie.

Les malades baillent et toussent, comme pour expectorer les parasites qui les gênent. Les poussins sont asphyxiés par 2 ou 3 parasites ; les adultes peuvent en supporter de 25 à 30. A l'autopsie, incisez la trachée dans le sens de la longueur et vous trouvez alors les syngames : La femelle longue de 2 cm. et, accolée à elle, le mâle long de 2 à 6^{mm}. Chacun de ces individus est muni d'une bouche en suçoir de sorte que le syngame adhère à la muqueuse par ses deux branches.

La syngamose est une maladie redoutable, due souvent à la contagion par le terrain. Les œufs des syngames peuvent rester longtemps sur le sol et éclore lorsque les conditions de chaleur et d'humidité sont suffisantes. Ceci explique la fréquence de la maladie au cours des étés chauds et pluvieux ainsi que la réapparition de la syngamose, dans les basses-cours ou les parquets, plusieurs années après avoir sévi.

Traitement. — Faites deux injections à l'intérieur de la trachée, de 1 centimètre cube chacune par sujet, d'une solution de salicylate de soude à 2 pour 100. Pour cela, maintenez l'oiseau dans vos genoux, enlevez quelques plumes sur le devant du cou, saisissez une portion de la trachée entre deux doigts, piquez l'aiguille courte de la seringue de Pravaz dans la trachée, assurez-vous que la pointe de l'aiguille joue bien afin qu'elle soit libre dans le conduit et non piquée dans l'épaisseur de la paroi.

Renouvelez cette injection huit jours après. En même temps, donnez sous forme de pilules, à tous vos sujets, malades ou non, 50 centigrammes par tête et par jour de poudre de sabine.

Il est bien entendu que vous avez transporté les sujets parfaitement sains sur un autre terrain, que vous donnez à tous 2 gr. d'acide salicylique par litre d'eau de boisson, que vous ne donnez aucun grain à même le sol et que les oiseaux ne se servent que d'ustensiles à râteliers.

Désinfectez à fond et à plusieurs reprises les locaux habités par les sujets malades et les sujets sains ; désinfectez le sol en y répandant 5 kg. de sulfate de fer à l'are, retournez la terre des parquets 15 jours après, ensemencez de nouveau et laissez les parquets inoccupés pendant 6 mois.

ASPERGILLOSE

L'aspergillose est une maladie contagieuse due à un champignon parasite microscopique qui envahit l'appareil respiratoire des oiseaux, surtout des jeunes pigeons, provoquant des lésions, sortes de tubercules jaunâtres ou verdâtres, qui obstruent les cavités aériennes et provoquent d'abord la tristesse, la somnolence, l'amaigrissement, les râles puis l'asphyxie.

Il n'existe aucun traitement. Les précautions à prendre sont l'enlèvement et l'incinération des malades, la désinfection des locaux et ustensiles, l'antisepsie générale.

BRONCHITE ET BRONCHO-PNEUMONIE

La bronchite se déclare souvent en automne, surtout chez les sujets tardifs, et a les mêmes causes que le coryza. Elle peut amener la diphtérie. Les symptômes en sont l'abattement, le baillement, les râles.

Traitez la bronchite comme le corysa simple et administrez aux malades 3 fois par jour une goutte d'aconit dans une cuiller à café d'eau bouillie. S'il s'agit de palmipèdes remplacez l'aconit par une potion journalière composée de : Sirop 10 gr., teinture d'eucalyptus 20 gouttes, eau de cenalle 100 gr., avant le repas du matin. La broncho-pneumonie a les mêmes causes que la bronchite. Elle se manifeste de la même façon avec plus d'abattement, elle a une marche plus rapide. Même traitement que pour la bronchite, avec, en plus, une pilule de créosote par jour et des toniques : Café, à raison de deux cuillerées par jour.

Les Maladies de l'Appareil circulatoire

ANEMIE

L'anémie est la pauvreté du sang en globules rouges. Elle accompagne toutes les maladies mais peut sévir isolée. Elle se traduit par la pâleur des muqueuses, de la crête, par le manque d'appétit, la nonchalance. Modifiez le régime alimentaire ; donnez du maïs concassé, du blé, des pâtées fortifiantes, de la viande fraîche. Stimulez l'appétit par un mélange de verdures cuites dans la pâtée, l'addition de farine de poisson, d'une poudre stimulante.

APOPLEXIE CEREBRALE

L'apoplexie cérébrale est caractérisée par l'isolement, le manque d'appétit, l'œil terne ou injecté de sang, la crête violette, presque noire, les ailes traînantes, la chute. Les palmipèdes tournent sans cesse, même dans l'eau. Les pigeons tombent de leurs perchoirs.

La cause en est : L'insolation ou l'échauffement, l'embonpoint, la nourriture trop forte, le manque d'exercice.

Le traitement consiste dans le changement de régime : Addition de son et de verdures, de 5 % de sulfate de soude dans l'eau de boisson et pour les cas aigus, la saignée, l'absorption de quelques gouttes d'eau de fleur d'oranger.

Pour saigner, le meilleur moyen est d'inciser la veine humérale, située sous l'aile, près de l'aileron : Maintenir l'oiseau sur le dos, l'aile ouverte ; comprimer la base de l'aile pour rendre la veine plus apparente, inciser la veine dans le sens de la longueur sans la sectionner, laissez couler de 20 à 30 gouttes de sang chez les pigeons et les poulets, 5 grammes chez les poules adultes, 10 gr. chez les coqs, dindons et palmipèdes. Pour arrêter le sang, suturez la plaie avec une aiguille à coudre fine.

Maladies de l'Appareil Ovigène

OVARITE

L'ovarite avec rupture est une maladie foudroyante qui ne se produit que pendant la ponte et surtout au moment de la plus grande ponte et qui a pour principale cause la mauvaise alimentation : Alimentation trop échauffante et manque de son et de verdures, non la trop forte production d'œufs, sauf de très rares exceptions.

Remède. — Donner une alimentation rationnelle.

Les autres maladies de l'ovaire : Inflammation, atrophie, hypertrophie, tumeurs, ne sont reconnues qu'à l'autopsie. Le défaut de ponte peut seule les faire soupçonner, ainsi que des signes extérieurs se rapprochant de ceux des mâles (plumage brillant et plus développé, présence de l'éperon, modification du chant).

L'inflammation de l'ovaire relève souvent de la typhose et engendre la diarrhée blanche.

INFLAMMATION DE L'OVIDUCTE

Est causée soit par un traumatisme externe (coups), soit par la ponte trop précoce, les œufs trop gros ou séjournant trop longtemps dans l'oviducte, l'état d'embonpoint exagéré des pondeuses, une tumeur abdominale, etc. La cessation de la ponte ou l'arrêt de l'œuf se produit alors.

Traitez comme pour prévenir de l'ovarite, après une diète de quelques jours destinée à arrêter la formation des œufs.

OBSTRUCTION DE L'OVIDUCTE

A la suite de l'inflammation de l'oviducte ou de la taille anormale de l'œuf, celui-ci peut rester bloqué dans l'oviducte. La poule marche en tous sens en essayant souvent de pondre, se tenant droite et faisant des efforts de poussée.

Aidez alors la nature en injectant quelques gouttes d'huile dans l'oviducte. Exercez d'avant en arrière des pressions destinées à chasser l'œuf. Quand celui-ci est arrivé au cloaque, il est généralement expulsé. Si non, introduisez votre index huilé ou savonné dans l'oviducte, faites un crochet de votre première phalange et ramenez doucement **l'œuf.**

Lorsque plusieurs œufs sont groupés dans l'oviducte, il faut opérer :

Enlevez les plumes entre le bréchet et l'os pelvien ; passez la peau à la teinture d'iode ; incisez la jeau, puis la paroi musculaire. Trouvez l'oviducte, incisez-le en long, sortez les œufs. Recousez dans le même ordre. Nous avons réussi cette opération chaque fois que nous l'avons tentée.

HERNIE DE L'OVIDUCTE

Un œuf ou un jaune, ou une abondante sécrétion d'albumen peuvent provoquer une hernie de l'oviducte, perceptible au toucher lorsque l'on introduit le doigt par le cloaque. Opérez comme ci-dessus mais en réduisant la hernie par ligature. Nous avons réussi cette opération chez l'un de nos Elèves. La poule a recommencé à pondre au bout d'un mois et aucun accident ne lui est arrivé.

RUPTURE DE L'OVIDUCTE

La rupture de l'oviducte, toujours mortelle à la suite de péritonite, est provoquée par une hernie non réduite.

RENVERSEMENT DU CLOAQUE

Le renversement du cloaque est la sortie par le cloaque de la partie postérieure de l'oviducte renversé. Aussitôt que l'on s'en aperçoit et avant que cet accident n'ait donné naissance à un dangereux piquage, il faut réduire ce renversement : Laver à l'eau oxygénée puis avec les doigts huilés remettre le tout en place ; injecter de l'eau fraîche pour provoquer une contraction, ou de l'eau mélangée de 1/4 de jus de citron. Purger l'oiseau, le mettre 2 jours à la diète, lui donner de la verdure le 3e jour, et le 4e lui faire rejoindre son parquet. Quand il y a chute de l'oviducte, il faut sacrifier l'animal.

MALADIES DES OS ET DES MEMBRES

Toutes les formes arthritiques ont pour cause la non élimination dans les urines des urates, acide urique produits par la combustion interne, soit à la suite d'un vice de la nutrition, soit à la suite d'une maladie de l'appareil d'excrétion (reins), soit à la suite de mauvaises méthodes. Pour éviter et guérir ces maladies, il faut favoriser les excrétions par d'abondantes distributions de verdures, il faut que les sujets, les jeunes surtout ne soient pas trop exposés à l'humidité, au froid et aux courants d'air.

RHUMATISME ET ARTHRITE DU JARRET

Les articulations sont gonflées, chaudes, douloureuses. La boiterie survient ; les malades restent accroupis, l'appétit est diminué ou supprimé. Des abcès aux articulations peuvent se produire, ainsi que l'ouverture de l'articulation (arthrite suppurée).

Traitez le rhumatisme par des bains chauds des membres atteints (38-40°) dans une solution de sulfate de soude à 5 %. Frictionnez ensuite à la pommade salicylée. Rafraîchissez beaucoup et donnez du lait comme boisson.

ARTHRITE DES POUSSINS

(Voir Maladies des Poussins)

Les poussins élevés en éleveuses artificielles fermées, non en éleveuses ouvertes, sont sujets à l'arthrite. Le mauvais système de chauffage, surtout celui venant du dessous, le froid et l'humidité, le manque d'exercice, la nouriture *trop* ou pas assez animalisée, le manque de verdures, en sont les causes.

Traitement. — Supprimez la cause, c'est-à-dire employez les éleveuses ouvertes, de vastes salles d'Elevage, pratiquez l'exercice (grattage).

2° Donnez aux malades une nourriture tonique et rafraîchissante : Salades hachées, avec de la farine d'orge, de la viande fraîche, du son, donnez des bains *froids* de 2 à 3 minutes ; frictionnez les pattes à l'alcool, enfin comme boisson de l'eau contenant un pour cent de bicarbonate de soude.

GOUTTE

Goutte articulaire. — Se manifeste par une légère tuméfaction de l'articulation des ailes ou des pattes, avec même gêne que pour le rhumatisme. Des nodosités de la grosseur d'un pois se forment pouvant durcir ou se transformer en abcès. Réduire ces abcès et traiter comme pour le rhumatisme.

RACHITISME

Le rachitisme est caractérisé par une déviation du tissu osseux trop pauvre en matières minérales par suite d'une alimentation défectueuse : absence ou insuffisance de matières minérales et de grains. Le bréchet, la colonne vertébrale sont déviés, des nodosités se forment sur les os, l'amaigrissement progressif amène la mort.

Traitement. — Modifiez l'alimentation, donnez comme boisson de l'eau de chaux, ajouter aux pâtées de la poudre d'os verts et des coquilles d'huîtres, répandez des engrais phosphatés dans les parquets.

BLEIME

A la suite d'une crevasse du coussinet plantaire (plante du pied) produite par des chocs ou des blessures, des abcès peuvent se former entraînant de l'arthrite du pied. L'abcès grossit et s'étend souvent, entre les orteils, sur les orteils, à la base du tarse. *N'attendez pas que l'abcès soit mûr pour le réduire.* Incisez en croix, expulsez l'abcès par pressions, nettoyez, cautérisez à la teinture d'iode et mettez un léger pansement à la glycérine iodée. Si l'abcès ne se reforme pas, l'animal est guéri. Dans le cas contraire, parachevez l'opération. Puis traitez comme les crevasses, c'est-à-dire en enduisant la plaie de goudron de bois sous lequel elle se referme.

GANGRENE

La gangrène peut venir à la suite de la congélation des pattes, ou d'une blessure. La plaie se tuméfie, et noircit, la fièvre monte, l'animal est secoué de frissons et la mort très brutale peut survenir comme dans le cas de choléra.

La gangrène est due à l'infection de la plaie : il importe d'aseptiser toute blessure. Si la tuméfaction se produit, injectez dans l'épaisseur des lèvres de la plaie de la teinture d'iode fraîche.

Maladies de l'Epiderme et de ses Productions

PARASITES DE LA PEAU

Les parasites cutanés des volailles appelés communément poux, appartiennent à des espèces très diverses : poux, puces, dermanysses, argas, acares, tiques, trombidiens, cantonnés sous les ailes, au croupion, sous les cuisses, à la base du cou ; leur présence est visible. Dans le poulailler, ils se réfugient pendant le jour dans les fentes, les interstices des planchers, dans la litière des nids. La nuit, ils viennent sucer le sang des volailles, les incommodent, déterminent l'amaigrissement des sujets et la diminution de la ponte. Ils dérangent les pondeuses ainsi que les couveuses qu'ils forcent parfois à abandonner le nid.

Il est d'un intérêt primordial pour l'aviculteur de s'en débarrasser, de les chasser de son élevage, de les détruire. La propreté la plus rigoureuse des nids, de tous les coins du poulailler est indispensable. Passez chaque mois toutes les parties des poulaillers à l'eau crésylée au moyen du pulvérisateur à dos, procédez deux fois par an à un lavage complet de tout le mobilier avicole.

Ne négligez pas de mettre dans chaque poulailler une boîte à gratter remplie de cendres mélangées de 1/4 de soufre en poudre et de chaux et arrosées de temps à autre à l'eau crésylée.

Quand vous visitez vos volailles, frottez-les sous les ailes, entre les cuisses, autour de l'anus, sur la tête, avec un chiffon imbibé de vaseline pétrolée ou d'huile d'eucalyptus.

Mettez dans les nids un œuf contenant un morceau d'éponge imbibé d'huile d'eucalyptus.

Traitez les poulaillers atteints de la façon suivante :

a) par tous les temps, insuffler de la poudre de pyrèthre phéniquée ou de staphysaigre, après avoir graissé les plumes avec les mains enduites de vaseline. Ayez soin que la poudre pénètre bien sous les plumes : insufflez à « rebrousse-plumes » ;

b) par temps très chaud et sec préférez les bains sulfureux : préparez un bain de 20 gr. de sulfure de potassium par litre d'eau, dans un baquet. Plongez-y la volaille après lui avoir frotté la tête d'huile d'eucalyptus. Maintenez la tête au-dessus du bain et de la main restée libre frottez la peau pour qu'elle soit bien mouillée. Ceci fait, pressez les plumes pour qu'elles s'égouttent et lâchez les volailles.

c) par tous les temps, pratiquez les fumigations sulfureuses à l'aide de la boîte spéciale construite à cet effet. Comme les œufs des parasites peuvent ne pas être touchés, recommencez le traitement 10 jours après. Mais ce traitement n'aurait aucune portée si, en même temps, vous ne procédiez à la désinfection générale du poulailler.

GALE DEPLUMANTE

La gale du corps est déterminée par un acare, le Chemidocopte gallinace. Elle est très contagieuse. Dans les régions atteintes les petites plumes tombent, laissant à nu la peau couverte de squames pelliculaires. Elle se traite comme les autres parasites de la peau.

TEIGNE

La teigne ou favus est déterminée par un champignon microscopique, le lophophiton gallinacé. Elle débute par la tête. La crête se couvre de petites taches blanchâtres irrégulières puis d'une croûte véritable qui peut atteindre une forte épaisseur. Les oreillons, les barbillons sont ensuite atteints, parfois les régions emplumées. Elle dégage une odeur de moisi.

Traitement. — Isolez les malades, désinfectez les poulaillers. Employez les bains sulfureux tièdes renouvelés chaque semaine. Appliquez sur les parties atteintes l'une des préparations suivantes :

a) glycérine iodée : teinture d'iode 1 partie, glycérine 2 parties ; *b*) savon vert phéniqué : acide phénique 5 gr., savon vert

100 gr. ; *c*) pommade créolynée : crésyl 100 gr., savon vert, 100 gr., alcool 50 gr.

La guérison est définitive lorsque les parties atteintes ont repris leur apparence normale.

GALE DES PATTES

Déterminée par un acare parasite, le sarcopte mutans, elle atteint les oiseaux de basse-cour sauf les palmipèdes. Elle se traduit par la formation, en avant du tarse et au talon, d'écailles blanchâtres, qui se soulèvent et laissent échapper comme une poussière blanche. Peu à peu, il se forme des croûtes épaisses et adhérentes et les orteils sont attaqués.

Traitement. — Les parasites étant cachés sous les croûtes et dans l'épaisseur du derme, il faut d'abord enlever ces croûtes. Les ramollir pendant 8, 10, 15 jours avec des bains tièdes et des applications de savon vert ; puis les râcler avec une brosse dure. Enduisez ensuite la préparation suivante : fleur de soufre 20 gr., benzine 5 gr., axonge 30 gr. Frictionnez avec ce mélange par périodes de 4 à 5 jours séparés par un lavage tiède à l'eau savonneuse.

Pour éviter la gale des pattes, il suffit de frotter les pattes de tous les sujets au pétrole tous les 4 mois, dès l'âge de 4 mois.

MALADIES DES YEUX

Nous avons décrit le coryza contagieux. Il peut se produire de la conjonctivite sans que le coryza puisse être mis en cause dans ce cas, instiller dans les yeux 2 gouttes de collargol à 1/100.

Autres Affections

CONGELATION DES PATTES ET DE LA CRETE

A la suite de gelée, les pattes et la crête noircissent ; des orteils, des crêtillons peuvent ainsi tomber. Prévenez ces accidents en appliquant de la vaseline et de l'huile sur les parties menacées.

La congélation des pattes, heureusement fort rare, peut amener la gangrène.

PIQUAGE

Le piquage est une manie qui pousse les volailles à arracher avec le bec les plumes de leurs compagnes pour les manger. Si une goutte de sang apparaît, toutes les poules se précipitent sur la pauvre menacée, la piquent à qui mieux mieux, la piétinent, la font mourir.

Cause : *a*) manque d'exercice ; *b*) insuffisance de verdure ou soif ; *c*) insuffisance de matières azotées dans la ration.

Le traitement en est tout indiqué : supprimer la cause.

BLESSURES

Les blessures externes, ou traumatismes externes, se soignent à la teinture d'iode pure. Lorsqu'il y a plaie profonde : désinfecter à fond puis faire quelques points de suture. Les plaies purulentes se traitent au sulfate de cuivre à 1 pour 1000. Il est prudent d'injecter de la teinture d'iode dans le voisinage des plaies ayant mauvaise apparence.

N.-B. — Cette leçon étant destinée à être consultée fréquemment, nous n'avons pas jugé nécessaire d'y joindre de questionnaire.

www.ingramcontent.com/pod-product-compliance
Ingram Content Group UK Ltd.
Pitfield, Milton Keynes, MK11 3LW, UK
UKHW022140260726
13993UKWH00005B/2056

9 782329 204239